Bibliografische Information der Deutschen Nationalbibliothek:

Die Deutsche Bibliothek verzeichnet diese Publikation in der Deutschen National-
bibliografie; detaillierte bibliografische Daten sind im Internet über http://dnb.d-
nb.de/ abrufbar.

Impressum:

Copyright © 2019 GRIN Verlag
Druck und Bindung: Books on Demand GmbH, Norderstedt Germany
ISBN: 9783668986589

Michael Dienst

Strömungsadaptive Surfboardfinne in Boxwing-Konfiguration

Transactions in Suffering Innovations T29 SI862

GRIN Verlag

„Transactions in suffering Innovations"

Ideen verbrennen im Park

Der Wedding ist heute wunderschön
und ich fühl` mich seltsam stark.
Was hält mich da noch im Labor?
Wir gehen zum Led Zeppelin,
der gefällt mir mehr als je zuvor,
bei ungefähr tausend Kelvin.
Komm, lass uns Patente verbrennen im Park.

Mi. Berlin 2019

Den Ausführungen sei ein Traktat vorangestellt. Die Textbeiträge zum Stand der Technik und den „Transactions in Suffering Innovations" besitzen ein dynamisches Format und sind, beginnend im November 2016, in folgender Weise geordnet und Überschrieben:

Titel: Artefakt
Untertitel: Transactions in Suffering Innovations T[NUMMER]SI[Mi-KENNUNG]
Datum: Freigabe
Prolog [Kontext]
Kerntext [Technische Beschreibung]
Epilog [Hintergründe und Dialoge]

Traktat

über die Beiträge zum Stand der Technik und zu den
„Transactions in Suffering Innovations"

Die „Transactions in Suffering Innovations" bilden eine Sammlung von Schriften über Artefakte im Themenfeld Biologie & Technik, die in loser Reihenfolge erscheint. Es besteht durchaus die Absicht, den Stand der Technik zu verändern.

Gegenstand der Beiträge zu den Schriften der „Transactions in Suffering Innovations" sind Artefakte, Problemlösungen, Gestaltungsfragen und die kritische Auseinandersetzung mit Themen der Bionik, also Technik nach Vorbildern aus der belebten und unbelebten Natur und ihre Umsetzung. In ausgesuchten Fällen sind Technische Beschreibungen nach Standards des Deutschen Patent und Markenrechts[1] verfasst.

Mit den „Transactions in Suffering Innovations" soll der Fortschritt auf dem Gebiet der angewandten Bionik dadurch gefördert werden, dass die dargestellten notleidenden Artefakte, Problem- und Gestaltungslösungen frei von Rechten Dritter sind und mit ausdrücklicher Genehmigung dem Leser zur Nutzung verfügbar werden.

In den „Transactions in Suffering Innovations" werden ausschließlich Artefakte offeriert, die nicht unter das Arbeitnehmererfindungsgesetzes ArbErfG[2] fallen oder in der Vergangenheit fielen.

Die in den „Transactions in Suffering Innovations" dargestellten Artefakte sind insofern notleidend, da sie einerseits aus materieller Not nicht weiterverfolgt werden, ein Umstand der sich vielleicht wieder ändern mag. Andererseits sind die dargestellten Artefakte notleidend, weil sie möglichweise auftretender oder voranschreitenden geistigen Umnachtung zum Opfer zu fallen drohen; ein Umstand der sich wohl nicht mehr ändern wird.

Als Übergeordneter Absicht gilt es solche Forschung anzustoßen, die Lösungswege der Übertragung biologischer Phänomene untersucht und Fragestellungen betrifft, die im Zusammenhang stehen mit Natur und Technik.

Die Beiträge zum Stand der Technik und den „Transactions in Suffering Innovations" sind in deutscher Sprache verfasst. Dem Text wird gegebenenfalls eine teilweise oder vollständige Übersetzung in englischer Sprache beigestellt. In einer Ausgabe der Schriftensammlung wird jeweils nur ein Werk platziert. Den Ausführungen wird gegebenenfalls ein Prolog vor und ein Epilog nachgestellt.

Mi. Dienst

---

[1] https://www.dpma.de/patent/anmeldung/index.html
[2] Am 7. Februar 2002 trat die Novellierung des Arbeitnehmererfindungsgesetzes ArbErfG in Kraft.

Titel: Surfboardfinne in Boxwing-Konfiguration

Untertitel: Transactions in Suffering Innovations T28 SI862
15. Juli 2019

Technische Beschreibung

Surfboardfinne in Boxwing-Konfiguration

Erfindung betrifft eine Finne mit Tragflügeln in Box-Wing-Konfiguration zur Anmontage an ein Surfboard. Als Boxwing (englisch: box wing oder box-wing bzw. joint wing) wird eine besondere (eines offenen Kastens ähnliche) Tragflächenanordnung nach Stand der Technik, insbesondere für Flugzeuge bezeichnet. Das Konstruktionsprinzip der Box-Wing-Konfiguration wird auf ein Leit- und Steuertragflächensystem zur Anmontage an ein Surfboard angewendet. Eine Finne in Box-Wing-Konfiguration ist konstruktionsbeding robust und elastisch. Die Tragflügel der Finne besitzen eine Zwangskinematik (intelligente Mechanik), die im Betrieb ein belastungsadaptives Verhalten hervorruft. Die Zwangs-kinematik ist passiv. Das Surfboard ist nicht Gegenstand der Erfindung.

Stand der Technik und der Wissenschaft. Profile und Leitflächen an Surfboards

Ein Strömungsprofil bezeichnet die Querschnittgeometrie von Kraft- und Arbeitstragflügeln in Strömungsrichtung des umgebenden Fluids. Kontur bezeichnet dabei die umhüllende Gestalt eines Strömungskörpers. Dreidimensionale Körperkonturen können eben, konvex oder konkav sein. Elastisch- flexible Profilkonturen für Surfboardfinnen sind Stand der Technik und der Wissenschaft.
Surfboardfinnen sind als Leit- und Steuertragflächen im Bereich des Hecks eines Surfboards wirksam. Für die Montage von unterschiedlichen Finnen an Surfboards sehen die markt-führenden Hersteller unterschiedlich standardisierte Einbauflansche vor.
Finnentragflügelsysteme, mit einem Terminal an das Surfboard gefügt, sind Stand der Technik. Bei Surfboards in Fahrt und beim Manövrieren ist neben der hohen mechanischen Belastung der strömungsmechanisch wirksamen Bauteile im Bereich des Unterwasser-schiffes die optimale und an Strömungswiderständen arme Funktionsweise entscheidend für die Fahrleistung. Grundsätzlich sind bei leistungsoptimierten Seefahrzeugen vom Stand der Technik und all ihren Bauteilen Robustheit, Formhaltigkeit, Funktion und Lebensdauer bei geringem Gewicht von Bedeutung.
Zum Lateralplan eines Seefahrzeugs zählen alle fluidmechanisch wirksamen Leitflächen im Unterwasserbereich. Bei Surfboards vom Stand der Technik gehören die als Leitflächen ausgeführten Finnen am Heck zum Lateralplan. In Fahrt bilden fluidmechanisch wirksame Leitflächen im Unterwasserbereich mit symmetrischem Profil nach Stand der Technik dann einen fluiddynamisch wirksamen Tragflügel aus, wenn eine nichtaxiale Anströmung gegeben ist. Dies gilt insbesondere für Surfboardfinnen mit symmetrischem Profil nach Stand der Technik. Die aus dem hydrodynamischen Auftriebsgebaren der Surfbrettfinnen resultierende Querkraft wird beim Manövrieren genutzt. Surfboardfinnen nach Stand der Technik sind üblicherweise aus (symmetrisch profiliertem) Vollmaterial. Für das Flügelende der Leit- und Steuertragfläche, insbesondere den Randbogen (die Kontur des vom

Surfbrettkörper abweisenden, freien Surfbrettfinnenflächenendes) sind unterschiedliche Formen bekannt. Finnentragflügelsysteme in Box-Wing-Konfiguration sind nicht Stand der Technik.

Stand der Technik. Tragflächen in Mehrdeckerkonfiguration.

Strömungsmechanische Berechnungen und theoretische Überlegungen legen nahe, dass Kraft- und Arbeitstragflügel in Mehrdecker-Tragflächenkonfiguration mit gleicher Fläche und spezifischer Tragflächenbelastung einer entsprechenden Eindeckerkonfiguration auf betrags-mäßig gleiche Auftriebs- und Widerstandskräfte führen, sofern die durch das Auftriebs-gebaren der induzierten Widerstände nicht betrachtet werden. Hier sind die Schlankheits-grade der Teiltragflächen und die Profiltiefe von großem Einfluss und können glückliche Konfigurationen oder ungünstige Verhältnisse annehmen. Immer jedoch bedeuten sie ein mehr oder ein etwas weniger an Verzehr der in das Tragflächensystem eingespeisten Antriebsleistung je nachdem, wie der Mehrdeckertragflügel konfiguriert ist. Die Kontrolle der durch das Auftriebsgebaren einer (oder mehrerer) Kraft- und Arbeitstragflächen induzierten Verluste ist Gegenstand rezenter Forschung.

Stand der Wissenschaft. Tragflügeln in Boxwing-Konfiguration

Als Boxwing (englisch: box wing oder box-wing bzw. joint wing) wird eine besondere Tragflächenanordnung nach Stand der Technik insbesondere für Flugzeuge bezeichnet. Flug-zeugtragflächen nach Stand der Technik in Boxwing-Konfiguration wird stabiles Flugverhal-ten zugesprochen. Durch die Kompaktheit der Boxwing-Bauweise für Flugzeugtragflächen nach Stand der Technik ist die mechanische Festigkeit hoch.
Louis Blériot konstruierte 1906 einen Doppeldecker mit Tragflügeln in einer boxwing-artigen Konfiguration. Die ersten aerodynamischen Berechnungen zur Boxwing-Konfiguration wurden 1924 von Ludwig Prandtl veröffentlicht. Die erste Anwendung des Boxwing-Konzepts in der heute angewendeten Form geht auf Alexander Lippisch zurück, der Anfang der 1930er einen entsprechenden Doppeldecker entwarf.
Anmerkung: Louis Charles Joseph Blériot (* 1. Juli 1872 in Cambrai; † 2. August 1936 in Paris) war ein französischer Luftfahrtpionier. Mit der Blériot XI überquerte er am 25. Juli 1909 als erster Mensch den Ärmelkanal in einem Flugzeug. Sein Flug von Calais nach Dover dauerte 37 Minuten bei einer durchschnittlichen Flughöhe von 100 Metern.
Ludwig Prandtl (* 4. Februar 1875 in Freising; † 15. August 1953 in Göttingen) war ein deutscher Ingenieur. Er lieferte bedeutende Beiträge zum grundlegenden Verständnis der Strömungsmechanik und entwickelte die Grenzschichttheorie.
Alexander Martin Lippisch (* 2. November 1894 in München; † 11. Februar 1976 in Cedar Rapids, Iowa, USA) war ein in Deutschland und in den USA tätiger deutscher Flugzeug-konstrukteur. Er gilt international als „Vater" des Deltaflügels.

Stand der Wissenschaft, biologische Kinematik und Bionik.

Flossen von Fischen und Meeressäugern dienen der Propulsion, dem Manövrieren und dem Stabilisieren des Lebewesens in Bewegung (in Fahrt). Biologische Flossen sind ihrer Art nach aktive Propulsions-, Leit- und Steuerflächen, können jedoch auch passive und strömungsadaptive Leistungen übernehmen. Die Flossen mancher Fischarten weisen eine komplexe Konstruktion mit Membranen und mehreren einbeschriebenen Stützstrukturen (Flossenstrahlen) auf.

Bei Wasserlebewesen besitzen die Flossen in der Regel eine in der Tragflächenwurzel angesiedelte, vielachsig bewegliche Knochengelenk-Kinematik. Eine Vielzahl von Gelenken rezenter Wirbeltierskelette, wie beispielsweise die Mittelhandknochen und die Ellenbogengelenke, bilden komplexe, mehrachsige, räumlich wirksame Getriebesysteme aus. Das Handgelenk rezenter Lebewesen und dessen evolutions-biologisch relevante Frühstadien, die als Fossilen vorliegen, können als (biologisches) Vorbild für eine vielachsige (technische) Kinematik dienen. Das kinematische Wirkprinzip dieser technischen Vielachsen- Scharnier- Kinematik ist jenes von mehreren dreidimensional- räumlich verbundenen, zwangsbewegten Klappen, deren (lokale) Scharnier-Drehachsen einen gemeinsamen (lokalen) Schnittpunkt besitzen. Je nach Zuordnung der Freiheitsgrade der im Sinne einer kinematischen Kette ein (lokales) räumliches Getriebe bildenden Scharniere, stellen die zwangskinematischen, dreidimensionalen Winkelbewegungen der Plattenebenen des kinematischen Systems ein Untersetzung- oder eine Übersetzung dar. Bei mechanischer Beaufschlagung bilden die ebenen, oben beschriebenen Gelenkplattenkinematiken abhängig von der Anordnung der Gelenk- und Fixationsebenen Gewölbeformen aus.

Bionik. Die belebte Natur hat in den Jahrmillionen der biologischen Evolution äußerst effiziente und Ressourcen schonende Lösungen hervorgebracht. Aufgabe der Bionik ist es, Prinzipien der belebten Natur zu entschlüsseln, mit dem Ziel, diese auf künstliche Systeme, auf Artefakte, ja letztendlich auf Maschinen zu übertragen. Die Bionik verbindet die Naturwissenschaften mit den Ingenieurwissenschaften.

Für die näherungsweise zweidimensionale (ebene) Betrachtungsweise hinsichtlich der Gelenke rezenter Wirbeltierskelette ist es möglich, ein sehr einfaches ebenes kinematisches Gelenkplattenschema herzuleiten, mit dem die Übertragung von Prinzipien biologischer vielachsig-belastungsadaptiver Zwangskinematiken (intelligente Mechanik) auf technische Systeme, insbesondere Leit- und Steuerflächen für Seefahrzeuge gelingt.

Problembeschreibung

Fern des Meeres und in den Metropolen werden Surfboards zunehmend im Indoorbereich mit artifiziellen Wellen eingesetzt. Die aus dem Seefahrzeug herauskragenden Finnen vom Stand der Technik sind bei Bodenberührung einer erblichen mechanischen Belastung ausgesetzt. Eine Verkürzung der herauskragenden Finne vom Stand der Technik führt zu kleineren fluidmechanisch wirksamen Tragflügeln und zu einer Reduzierung der Manövrierleistung im Betrieb. Bei singulären Finnentragflächen und Surfboards in Fahrt führt der durch die Randumströmung induzierte Widerstand zu einer Verminderung der Fahrleistung.

Bei Leit- und Steuerflächen von Seefahrzeugen, wie etwa Surfboardfinnen und anderen fluidmechanisch wirksamen, Querkraft erzeugenden Tragflächen taucht außerdem das Problem der beidseitigen fluidischen Beaufschagbarkeit im Betrieb auf. Deshalb haben Leit- und Steuerflächen, von Seefahrzeugen im Allgemeinen symmetrische Profile. Dies gilt auch für am Surfboard zentral angeordnete Finnen. Auf dem Gebiet der Surfboardfinnen sind wölbbare oder scharnierartig ausgeführte Konstruktionen und Bauweisen nicht Stand der Technik. In Fahrt und beim Manövrieren von Seefahrzeugen wären flexible, nichtsymmetrische Profile wünschenswert.

Problemlösung

Die Leistungsdichte eines Tragflügelsystems in Boxwing-Konfiguration ist aus physikalischen Gründen größer als die eines Finnentragflügels vom Stand der Technik. Die Finne in Box-Wing-Konfiguration ist konstruktionsbeding durch die kastenförmige Gestalt robust und elastisch. Die Erfindung nach Anspruch 1 betrifft die Lehre über das gestalterische Prinzip eines Tragflügelsystems in Boxwing-Konfiguration, das in seiner Betriebsweise in Fahrt der einer Finne vom Stand der Technik entspricht.

Darüber hinaus werden die Finnen eines Surfboards als strömungsadaptives und profilvariabel ausgeführtes fluiddynamisch wirksames Tragflächensystem ausgeführt.

Teile des fluiddynamisch wirksamen Tragflächensystems sind dabei in einer Ebene längs der Strömungshauptrichtung beweglich gelagert als Klappenprofil angeordnet. Weitere Teile des Tragflächensystems sind als bewegliche, passiv vom Strömungsdruck beaufschlagbare, also strömungsadaptive Tragflächen ausgeführt derart, dass diese bei nichtaxialer Anströmung der Finnentragfläche automatisch nach Lee um wenige Winkelgrade ausgelenkt wird und durch eine Mehrachsen-Scharnier- Kinematik dem beweglichen Finnentragflügel zwangskinematisch eine fluidmecha-nisch günstige Form im Sinne einer Wölbverformung aufprägen. Die leewärtige Passivbewegung der strömungsadaptiven Finnentragfläche folgt der Hauptströmungsrichtung des Fluids. Die Mehrgelenkkinematik wird in zwei Ebenen als Gelenklager im Sinne eines Scharniers ausgeführt, die den Finnentragflügel ausbildenden Tragflächenteile hingegen werden in einer stofflichen Verbindung als Biegebauteil ausgeführt, welches ein, die Gesamtfläche in ihre Ruhelage zwingendes Rückstellmoment, bereitstellt. Die Konstruktion des Tragflügels der Finne ist resilient.

Erreichbare Vorteile

Das Tragflügelsystems in Boxwing-Konfiguration wesentlich weniger Bauraum erfordert als eine leistungsgleiche Finne vom Stand der Technik. Mit einem Tragflügelsystems in Boxwing-Konfiguration wird bereits bei geringer Geschwindigkeit ein hoher Betrag an Querkraft erzeugt, was energetisch und wirtschaftlich vorteilhaft ist.

Durch die nach Lee gerichtete Passivbewegung der Finnentragfläche wird erreicht, dass – vermittelt über die beschriebene zwangskinematischen Wölbverformung die Profilkontur der Finnentragfläche eine strömungsgünstige, den Formwiderstand mindernde und den dynamischen Vortrieb steigernde Gestalt passiv, automatisch, d.h. geometrisch autoadaptiv und energetisch autonom annimmt. Die resultierende Widerstandsminderung im Bereich des Unterwasserschiffs beeinflusst die Energie-bilanz des Gesamtsystems positiv. Die Fluidmechanische Wirksamkeit einer strömungsadaptiv und profilvariabel ausgeführten Finnentragfläche ist höher als jener eines vollsymmetrischen Finnenprofils vom Stand der Technik.

Wegen der Resilienz der Konstruktion der Finne, ist die diese Umwelt- und ressourcenfreundlich. Größe, Form und Biegesteifigkeit der Finne sind skalierbar und die damit Gesamtkonstruktion für unterschiedliche Einsatzgebiete abstimmbar.

Aufbau und Wirkungsweise.

Das Tragflügelsystem in Boxwing-Konfiguration nach Anspruch 1 dient zur Anmontage im Unterwasserbereich von Surfboards. Die skizzenhafte Abbildung Figur 1 zeigt eine Seitenansicht, die skizzenhafte Abbildung Figur 2 zeigt eine Ansicht von vorn des Tragflügelsystems in Boxwing-Konfiguration nach Anspruch 1. Das Surfboard BO sei vom Stand der Technik und nicht Gegenstand der Erfindung des Tragflügelsystems in Boxwing-Konfiguration nach Anspruch 1.

<u>Bezeichnungen der aufgeführten Bauteile und geometrischen Festlegungen.</u>

TER	Terminal
BO	Surfboard (nicht Gegenstand der Erfindung)
F12TIP	horizontal verbindendes Segment der Tragflügelenden
WU	Bodensegment der Finnenwurzel
Proximal	Nahe der Flügelwurzel
Distal	Fern der Flügelwurzel
F1	Tragflügel 1 steuerbordseitig
F1H	heckwärtiges Tragflügelteil 1 steuerbordseitig
F1B	bugwärtiges Tragflügelteil 1 steuerbordseitig
G1PB	bugwärtiges Tragflügelgelenk 1 proximal an der Finnenwurzel
G1PH	heckwärtiges Tragflügelgelenk 1 proximal an der Finnenwurzel
G1DB	bugwärtiges Tragflügelgelenk 1 distal am Flügeltip F12TIP
G1DH	heckwärtiges Tragflügelgelenk 1 distal am Flügeltip F12TIP
F2	Tragflügel 2 backbordseitig
F2H	heckwärtiges Tragflügelteil 2 backbordseitig
F2B	bugwärtiges Tragflügelteil 2 backbordseitig
G2PB	bugwärtiges Tragflügelgelenk 1 proximal an der Finnenwurzel
G2PH	heckwärtiges Tragflügelgelenk 1 proximal an der Finnenwurzel
G2DB	bugwärtiges Tragflügelgelenk 1 distal am Flügeltip F12TIP
G2DH	heckwärtiges Tragflügelgelenk 1 distal am Flügeltip F12TIP

Fluidmechanisch wirksame Leit- und Steuertragflächen sind in der Regel profiliert ausgeführt. Das vom Surfboard abgewandte Finnentragflächenende (Tragflächen-randbogen) ist typenbedingt geformt und kann mit unterschiedlichen Konturen ausgebildet sein. Für Surfboardfinnen vom Stand der Technik sind unterschiedliche Profile und Profilkombinationen bekannt.

Die Beschreibung des Aufbaus, der baulichen Ausführung und der Wirkungsweise betrifft ein Surfboardfinnensystem, dessen Gestalt sich der beaufschlagenden Strömung selbstständig anformt. Die elastische Belastungsadaption wird über die besondere Gestaltung eines über drei Achsen beweglichen Gelenkgetriebes erreicht.

Die beiden Finnen sind mit einer strömungsmechanisch wirksamen, in mechanischer Ruhelage achssymmetrischen Profil-kontur, ausgeführt und zur gestaltkompatiblen Montage an standardisierte Einbauflansche für Surfboards diverser Hersteller geeignet. Die Einbauflansche sind nicht Gegenstand der Erfindung.

Das Terminal TER und die gemeinsame Bodensegment der Finnenwurzel WU, der Tragflügel 1 steuerbordseitig F1 und der Tragflügel 2 backbordseitig F2 bilden zusammen mit dem horizontal verbindendes Segment der Tragflügelenden F12TIP eine organisatorische und konstruktive Einheit.

Der Tragflügel 1 steuerbordseitig F1 und der Tragflügel backbordseitig F2 sind parallel angeordnet, wie in Figur 2 dargestellt.

Der Tragflügel 1 steuerbordseitig F1 besteht aus einem heckwärtigen Tragflügelteil 1 steuerbordseitig F1H und einem bugwärtigen Tragflügelteil 1 steuerbordseitig F1B.

Der Tragflügel 2 steuerbordseitig F2 besteht aus einem heckwärtigen Tragflügelteil 2 steuerbordseitig F2H und einem bugwärtigen Tragflügelteil 2 steuerbordseitig F2B.

Die Tragflügel F1 und F2 sind mit Kammgelenken proximal kinematisch gekoppelt an das Bdensegment der Flügelwurzel WU und distal kinematisch gekoppelt an das horizontal verbindende Segment der Tragflügelenden F12TIP so dass eine konstruktive vor allem aber zwangskinematische Einheit entsteht.

Die kinematisch proximale Kopplung am Tragflügel F1 wird erreicht durch das bugwärtige Tragflügelgelenk 1 proximal an der Finnenwurzel G1PB und das heckwärtige Tragflügelgelenk proximal an der Finnenwurzel G1PH.

Die kinematisch distale Kopplung am Tragflügel F1 wird erreicht durch das bugwärtige Tragflügelgelenk G1DB distal am Flügeltip F12TIP und das heckwärtige Tragflügelgelenk G1PH distal am Flügeltip F12TIP.

Die kinematisch proximale Kopplung am Tragflügel F2 wird erreicht durch das bugwärtige Tragflügelgelenk proximal an der Finnenwurzel G2PB und das heckwärtige Tragflügelgelenk proximal an der Finnenwurzel G2PH.

Die kinematisch distale Kopplung am Tragflügel F2 wird erreicht durch das bugwärtige Tragflügelgelenk G2DB distal am Flügeltip F12TIP und das heckwärtige Tragflügelgelenk G2PH distal am Flügeltip F12TIP.

Der Tragflügel 1 steuerbordseitig F1 und der Tragflügel backbordseitig F2 sind parallel angeordnet, wie in Figur 2 dargestellt

Die Tragflügel F1 und F2 sind symmetrisch profiliert. Bei nichtsymmetrischer fluidischer Beaufschlagung liefern die Tragflügel F1 und F2 eine Querkraftkomponente in horizontaler Richtung, die zum Manövrieren genutzt wird.

Das horizontale Segment der Tragflügelenden F12TIP ist asymmetrisch profiliert so dass es im Betrieb eine vertikale Auftriebskomponente liefert. Durch die Kompaktheit der Boxwing-Bauweise ist die mechanische Festigkeit hoch. Surfboards werden zunehmend im Indoorbereich mit artifiziellen Wellen eingesetzt. Anders als die aus dem Seefahrzeug herauskragenden Finnen, die bei Bodenberührung einer erblichen mechanischen Belastung ausgesetzt sind stellt die Boxwing-Bauweise ein sehr kompaktes und robustes System dar.

Das Tragflügelsystems in Boxwing-Konfiguration erfordert wesentlich weniger Bauraum als eine leistungsgleiche Finne vom Stand der Technik. Mit einem Tragflügelsystems in Boxwing-Konfiguration wird bereits bei geringer Geschwindigkeit ein hoher Betrag an Querkraft erzeugt. Durch die nach Lee gerichtete Passivbewegung der Finnentragfläche wird erreicht, dass die Profilkontur der Finnentragfläche eine strömungsgünstige, den Formwiderstand mindernde und den dynamischen Vortrieb steigernde Gestalt passiv, automatisch, d.h. geometrisch autoadaptiv und energetisch autonom annimmt. Die resultierende Widerstandsminderung im Bereich des Unterwasserschiffs beeinflusst die Energiebilanz des Gesamtsystems positiv. Die Fluidmechanische Wirksamkeit einer strömungsadaptiv und profilvariabel ausgeführten Finnentragfläche ist hoch. Konstruktion und Gestalt der Finne folgt Resilienzkriterien und ist deshalb umwelt- und ressourcenfreundlich. Größe, Form sind skalierbar. Die Biegesteifigkeit des Materials der Finne in Boxwing-Konfiguration und die damit Gesamtkonstruktion für unterschiedliche Einsatzgebiete abstimmbar. Das Finnensystem eignet zur Herstellung in 3D-Druck, auch bekannt unter den Bezeichnungen Additive Fertigung, Generative Fertigung oder Rapid-Technologien, entsprechend dem aktuellem Normentwurf DIN EN ISO/ASTM 52900:2018 respektive der Richtlinienfamilie VDIR-3405.

Bibliographie und Entgegenhaltungen

[Abbo-59]   Abbott, Ira H. von Doenhoff Albert E.; (1959) Theory of Wing Sections: Including a Summary of Airfoil Data. Dover Publications, New York

[Betz-12]   Betz, A. ; (1912), Ein Beitrag zur Erklärung des Segelfluges. Zeitschrift für Flugtechnik u. Motorluftschifffahrt 3 (1912)

[Bos-27]   Bose, N., K., Prandtl, L. (1927). Beiträge zur Aerodynamik des Doppeldeckers. In: ZAMM, Bd. 7, 1927, Heft 1, S. 1 -9.

[Ber-13]   Berger, Hartmann, Schmid: 3D-Druck – Additive Fertigungsverfahren – Rapid Prototyping, Rapid Tooling, Rapid Manufacturing. 2. Auflage. Verlag Europa-Lehrmittel, Haan-Gruiten 2013, ISBN 978-3-8085-5034-2.

[Die 18-3]   Dienst, Mi. (2018) ÜBER DIE TOPOLOGIE DER VERTEBRATENHAND.

Entwicklungsmuster der oberen Wirbeltierextremität in Schemata. GRIN-Verlag GmbH München, ISBN(Buch): 9783668621084

[Die 17-12]   Dienst, Mi. (2017) Finina Tank. Zur numerischen Analyse einer Laborfinne.
GRIN-Verlag GmbH München, ISBN(Buch): 9783668454712

[Die 17-9]   Dienst, Mi. (2017) Handout zur potentialtheoretischen Untersuchung einer standardisierten Laborfinne. Beitrag zu Strömungswirklichkeit von Surfboardfinnen. GRIN-Verlag GmbH München, ISBN(Buch): 9783668442832

[Die 17-8]   Dienst, Mi. (2017) Zur potentialtheoretischen Untersuchung der Strömungs-wirklichkeit einer standardisierten Laborfinne. Beitrag zur Fluidmechanik der Surfboardfinnen. GRIN-Verlag GmbH München, ISBN: 978-3-6684-3825-5

[Die 17-4]   Dienst, Mi. (2017) Superformance of Surfboard Fins. Bionik, Leistungsähnlichkeit und affine Skalierung. GRIN-Verlag GmbH München, ISBN(Buch): 9783668377158

[Die 17-3]   Dienst, Mi. (2017) Performance und Downsizing von Surfboardfinnen. Beitrag zur Phänomenologie und Strömungswirklichkeit. GRIN-Verlag GmbH München, ISBN(Buch): 9783668374898

[Die 16-9]   Dienst, Mi. (2016) THE ORIGIN OF BIOLOGICAL COMPLEX GEAR, Design Intent regarding Surfboard fins with "Intelligent Mechanics, i-mech". GRIN-Verlag GmbH München, ISBN(Buch): 9783668264786

[Die 16-8]   Dienst, Mi. (2016) Orthodoxe und nichtorthodoxe Fluid-Struktur-Wechselwirkung an Leit- und Steuertragflächen kleiner Seefahrzeuge. GRIN-Verlag GmbH München, ISBN(Buch): 9783668264748

[Fel 18-2]   Felgenhauer, Mi. (2018) Spherical Joint Mechanism und biologische Wölbphänomene; Emergence of biological and artificial vaulting phenomena, ISBN(Buch): 9783668760974

[Katz-01]   Katz, J. Plotkin, A. (2001) Low-Speed Aerodynamics (Cambridge Aerospace Series) Cambridge University Press; 2 edition

[Pra-19]   Prandtl, L. (1919) Merhdeckertheorie. In: Nachrichten der k. Ges. d. Wissenschaften zu Göttingen. 1919, S. 107-137.

[Schl-67]   Schlichting, H., Truckenbrot, E. (1967) Aerodynamik des Flugzeuges, Band 1, Springer Verlag Berlin, Heidelberg.

[Schl-00]   Schlichting, H. (2000) Boundary-Layer Theory, Springer Verlag.

Schutzansprüche

1. Tragflügelsystem zur Anmontage im Unterwasserbereich von Surfboards dadurch gekennzeichnet,

   dass durch die Anordnung fluidmechanisch wirksamer Tragflügel in der Konfiguration eines Boxwing ausgeführt ist

2. Tragflügelsystem nach Anspruch 1 dadurch gekennzeichnet,

   dass die Tragflügel der Finne eine Zwangskinematik (intelligente Mechanik) besitzen die im Betrieb ein belastungsadaptives Verhalten hervorruft.

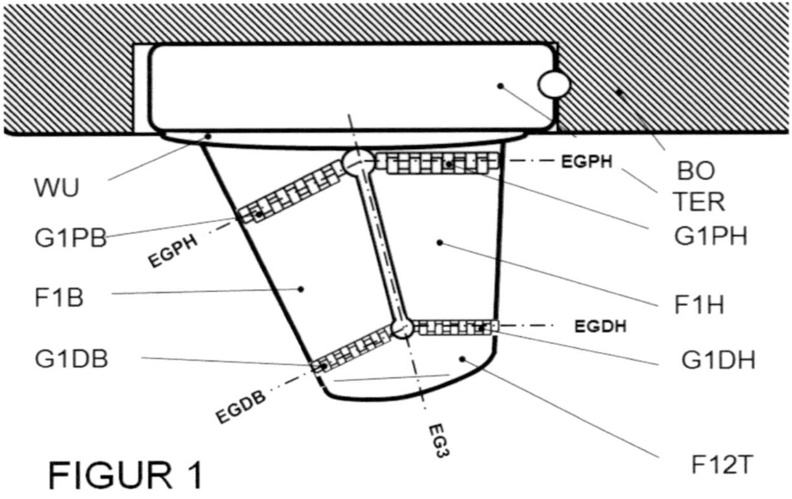

Abb.1: FIGUR1; Schematische Darstellung einer Surfboardfinne in Boxwing-Konfiguration mit belastungsadaptiver Kinematik. Seitenansicht.
Eigene Darstellungen. Alle Rechte Mi. Dienst, Berlin im Sommer 2019.

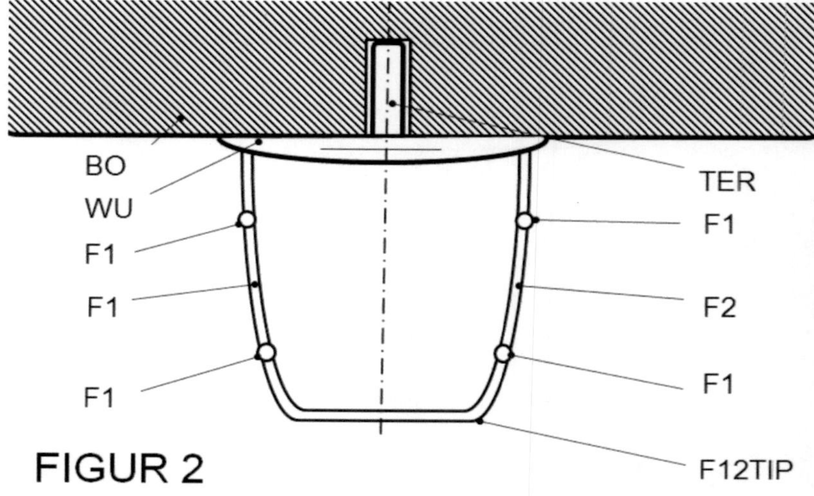

FIGUR 2

Abb.2: FIGUR2; Schematische Darstellung einer Surfboardfinne in Boxwing-Konfiguration mit belastungsadaptiver Kinematik. Ansicht von Vorn. Eigene Darstellungen. Alle Rechte Mi. Dienst, Berlin im Sommer 2019.

BEI GRIN MACHT SICH IHR WISSEN BEZAHLT

- Wir veröffentlichen Ihre Hausarbeit,
  Bachelor- und Masterarbeit

- Ihr eigenes eBook und Buch -
  weltweit in allen wichtigen Shops

- Verdienen Sie an jedem Verkauf

Jetzt bei www.GRIN.com hochladen
und kostenlos publizieren